贪心国王每次贪心时肚子都会变得鼓鼓的。

贪心国王的肚子最后变成什么样子了呢？

幸福国家的贪心国王

[韩] 申镇嬉◎著　[韩] 孙惠兰◎绘
千太阳◎译

吉林科学技术出版社

幸福国家拥有茂密的森林和清澈的河流，但有一位非常贪心的国王。

国王的肚子里有一个贪心口袋，每次贪心时，口袋都会变大一点儿。

“幸福国家里的一切都是我的！”国王说。

大臣们都对国王的贪心充满了担心。

“真希望我们国王的贪心口袋能够变小一点儿！”

“可是国王把我们国家管理得很好呀。”

“对，没有其他地方像我们幸福国家一样适宜生活了。”

大臣们附和着，并听从国王的命令。

春天来了，宫殿前的树林里的果树都开花了。

无数的蜜蜂和蝴蝶被浓郁的花香吸引过来。

国王看到这一幕后问：“果树为什么会吸引这么多的蜜蜂和蝴蝶？”

“它们是飞来采蜜的。”

听了大臣们的话，国王的贪心口袋开始变大。

“竟然敢不经过我的允许就来采蜜！赶紧去把包括蜜蜂和蝴蝶在内的所有昆虫都给我除掉！”

听了国王的命令，大臣们都吓了一跳。

“国王陛下，不能把昆虫都除掉！”

“住口！马上去执行我的命令！”

变得贪心的国王根本就听不进大臣们的劝说。

大臣们拿着巨大的捕虫网和强效农药向树林里走去。

大臣们手忙脚乱地挥动着捕虫网，拼尽全力地捕捉昆虫。

昆虫们为了避开捕虫网惊慌失措地飞来飞去。

“向那些逃跑的昆虫喷农药！”国王命令道。

大臣们又向着昆虫喷农药。

被药水喷中的昆虫变得摇摇晃晃，很快就落到了地上。

“国王陛下，昆虫全都被除掉了！”

听了大臣们的汇报，国王瞬间心情大好。

就在国王感到满足时，贪心口袋变大了。

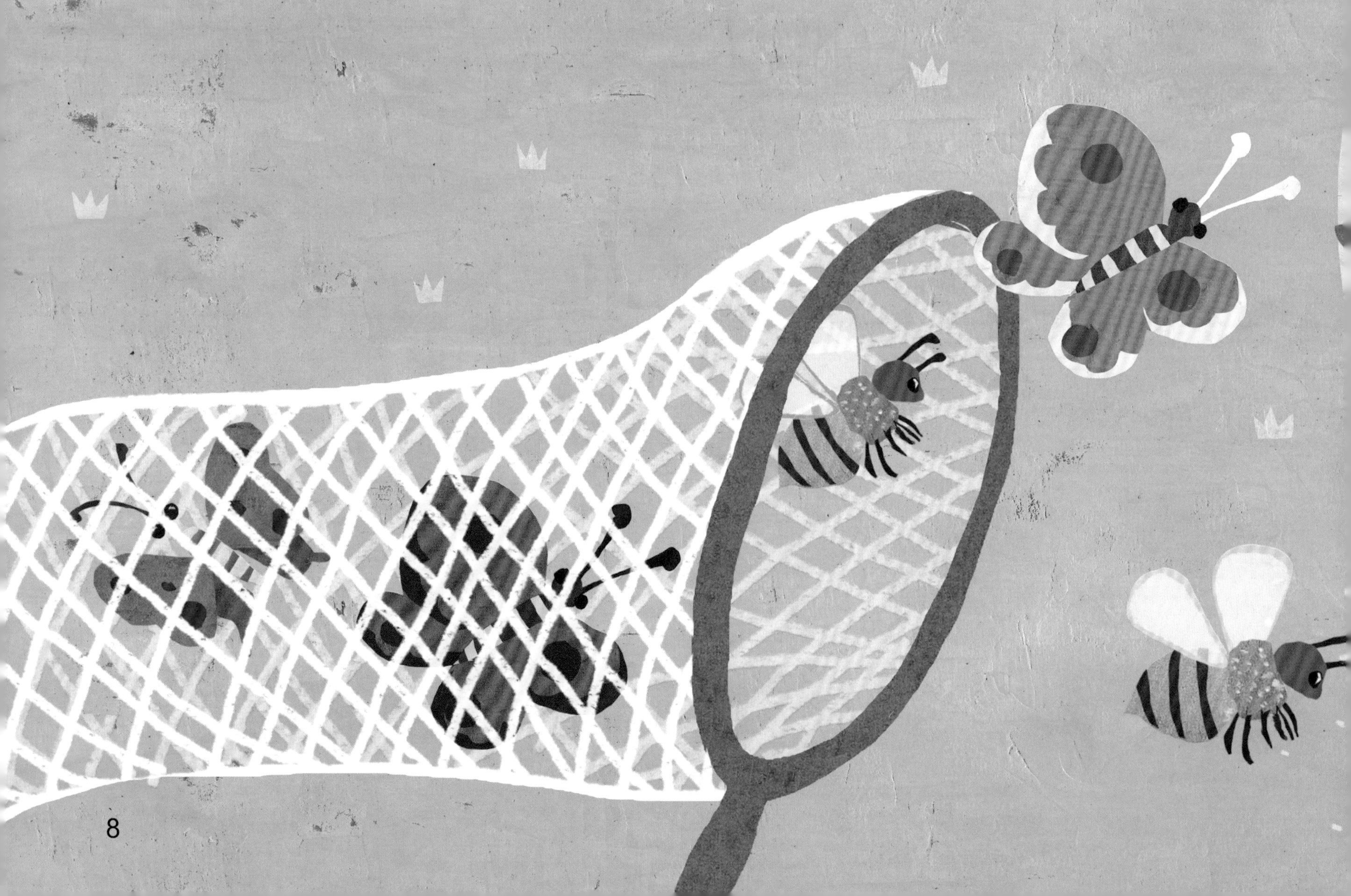

一天，正在宫殿里散步的国王看到了一种非常漂亮的花。

“那些花真好看！”国王说。

“那是幸福国家里随处可见的花，也是百姓们最喜欢、最珍爱的花。”大臣们说。

“漂亮的花不是应该只让我自己看吗？”国王的贪心口袋又开始变大了。

“都给我听好了，把王国里所有的花都移植到宫殿里！”国王命令道。

“国王陛下，不可以呀。如果移植这些花，很可能会枯萎。”

虽然大臣们尽力阻拦，但国王根本听不进去。

幸福国家迎来了寒冷的冬天。

国王嚷着天气太冷了，不想到外面去。

这时，一头小鹿跑进了宫殿前面的树林里。

国王裹着被子盯着小鹿看了一会儿。

“天气这么冷，小鹿为什么玩儿得那么快乐？”

“很多动物身上都长着保暖的皮毛，所以不怕冷。”

听了大臣的话，国王的贪心口袋又变大了。

“去把长着毛的动物都抓来，给我制作不同样式的毛皮外套！”

这次大臣们依然极力阻拦，国王还是没有听他们的劝说。

“砰砰！”

树林里每天都会传来阵阵枪声。

大臣们按照国王的命令，每天都去捕猎动物。

虽然老虎、熊、兔子等动物试图逃跑，但最终都被大臣们抓住了。

大臣们用动物们的毛皮给国王做了衣服、鞋子和帽子。

“呀，这顶帽子太暖和了！动物们的毛皮果然很暖和！”

国王戴上毛皮帽子感到非常幸福，贪心口袋变得更大了。

幸福国家又迎来了新的春天。

“春天终于来了，好想赶紧去闻一闻花香呀！”

国王开心地从椅子上站起来。

但是，因为肚子太大了，行动很不方便。

“我要去看一看百姓们是怎样生活的。”

国王捧着鼓鼓的肚子坐上了马车。

坐着马车到了百姓们生活的村子后，国王有些疑惑。

“好奇怪呀，现在明明天气转暖了呀，为什么如此冷清呢？”

听了国王的疑问，大臣们黑着脸回答说：“因为把昆虫全部消灭了，果树都没能开花结果。”

“什么？难道把昆虫消灭了，果树就无法开花，无法结果了吗？”国王气得大发雷霆。

国王的口袋也跟着变得更鼓了。

“我们去百姓们耕种的农田看一看吧！”

国王的马车向着田野驶去。

“农夫们肯定会非常欢迎我的！”

一想到马上就能见到热情迎接自己的百姓，国王就充满了期待。

但是，国王很快发现农夫们全都一脸愁容。

“你们这是在干什么？怎么不去干农活？”

“就算是种了农作物，也会因为杂草太多而无法茁壮成长。而且邻国的动物还偷偷来把农作物吃掉了，根本就无法耕种。”

“也就是说，新出现的动物和植物入侵了我们王国吗？”

“因为把野外的花全都移植到了宫殿里，所以邻国的植物也趁机占领了田间的空地，一些其他地方的动物也跟着外来植物来到了我们的王国里。”

听了大臣们的话，国王顿时羞愧难当，满脸通红。

“我们去茂密的森林里看一看吧，马上！”

听了国王的命令，大臣们驾着马车向森林驶去。

但是，到了森林后，国王惊讶地瞪大了眼睛。

原本茂盛的森林只剩下一些干枯的树木。

而且，树上还爬满了虫子。

“树上为什么会有那么多虫子？”

“那是邻国的昆虫在啃噬树木。”

听了大臣的回答，国王的脸变得更红了。

“啊，好渴呀，我们去美丽江边看一看吧！”国王转移话题。

国王和大臣们立即登上马车，急忙向江边驶去。

大家刚来到美丽江边就闻到一股奇怪的气味。

“闻闻，这是什么气味呀？太刺鼻了！”

“这是从美丽江里发出的气味。”

“什么？这么难闻的气味是从美丽江里飘出来的？”

国王听了大臣们的话震惊不已。

仔细一看，原本的美丽江已经不见了，呈现在大家眼前的是一条堆满垃圾的江，江面上到处都是嗡嗡乱飞的苍蝇。

“美丽江到底为什么变成了现在的样子？”

“百姓们随手乱扔的垃圾让美丽江受到污染，而且，从邻国来的鱼类和青蛙把我们江里的鱼都吃掉了。”

大臣们话音刚落，国王一下子瘫坐在地上。

国王感到沮丧不已，决定返回宫殿。

在回去的路上，国王发现百姓们全都拉着行李在路上走着。

“幸福国家的百姓们，你们现在是要去哪里呀？”国王好奇地问那些路上的百姓。

“我们现在要离开幸福国家了。”

国王非常震惊。

“要离开幸福国家？为什么呢？”国王问。

“幸福国家茂盛的树林都干枯了，美丽江也变脏变臭了。”

百姓们非常不喜欢现在幸福国家的生活环境。

“驱赶别国动物和昆虫的时间要比干农活的时间还要长。”

“对呀，我们的王国已经不再是幸福国家了。”

国王为自己亲手毁掉了幸福国家而感到愧疚不已。

回到宫殿后，国王想着今天看到的破败家园，陷入了沉思。

“怎样做才能让幸福国家恢复原来的模样呢？”

国王感到苦恼，肚子也疼了起来。

大臣们先给国王提出了建议：

“首先要赶紧喷洒药物杀死从邻国入侵的生物们。”

“不可以！那样做会重蹈覆辙让我们国家的生物和土地生病的！”

国王大声地训斥了这位大臣。

“首先应该把宫殿里的所有植物移回原处。”

国王下定决心重建幸福国家。

为了让幸福国家恢复原来的样子，国王不停地在乡间转来转去。

正在这时，他闻到了一阵香甜的气味。

他循着香气走了一会儿，来到了离村子有些远的一户人家。

院子里全都是绿油油的树木和美丽的鲜花。

周围的动物们也都开心地蹦来蹦去。

国王走到屋主爷爷身边问：“我好像看到了幸福国家以前的模样。您是怎么让院子变得如此美丽的呢？”

爷爷笑着回答：“其实并不难，只要珍爱并保护自然原有的样子就可以了。”

“原有的样子？”国王问。

“是的，不管多么小的生物，只有尊重它原有的样子，和谐相处，才能幸福。”

听了老爷爷的话，国王若有所思地点了点头。

国王终于明白了自己的贪心有多么不好。

“大家跟我来！”

国王带着大臣们来到了美丽江边，然后毫不犹豫地走进了脏兮兮的江里。

“国王陛下，赶快出来吧，江水太脏了！”

虽然大臣们竭力阻拦，国王依然不停地在江里清理垃圾和死鱼。

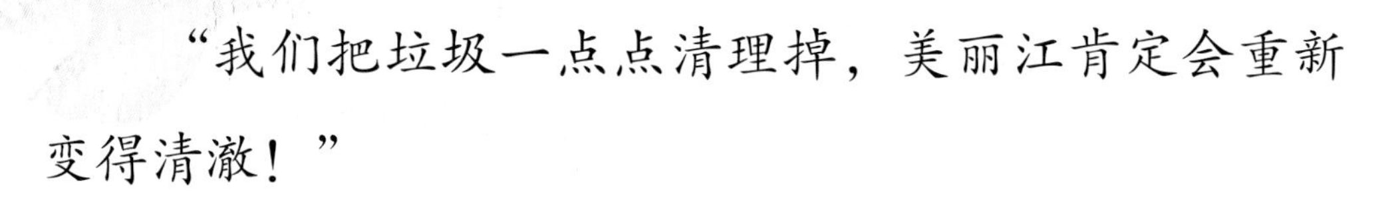

“我们把垃圾一点点清理掉，美丽江肯定会重新变得清澈！”

听了国王的话，大臣们纷纷卷起裤脚走进江里。

清理完美丽江后，国王又去了田野，清除外来植物和杂草，赶走了入侵的动物。

大臣们也跟在国王身后努力干活。

经过了很长时间的忙碌，幸福国家的春天再次来临。

国王与大臣们每天依然忙着清理王国的各个地方。

王国也慢慢地找回了以前的模样。

并不是只有幸福国家发生了改变。

胀鼓鼓的肚子消失后，国王看起来更帅气了。

“国王陛下，有一个好消息。”

“有好消息吗？什么好消息？”

“百姓们正在重新回到幸福国家。”

“真的吗？真是太让人开心了！”

幸福国家的国王开心地笑着去迎接归来的百姓们。

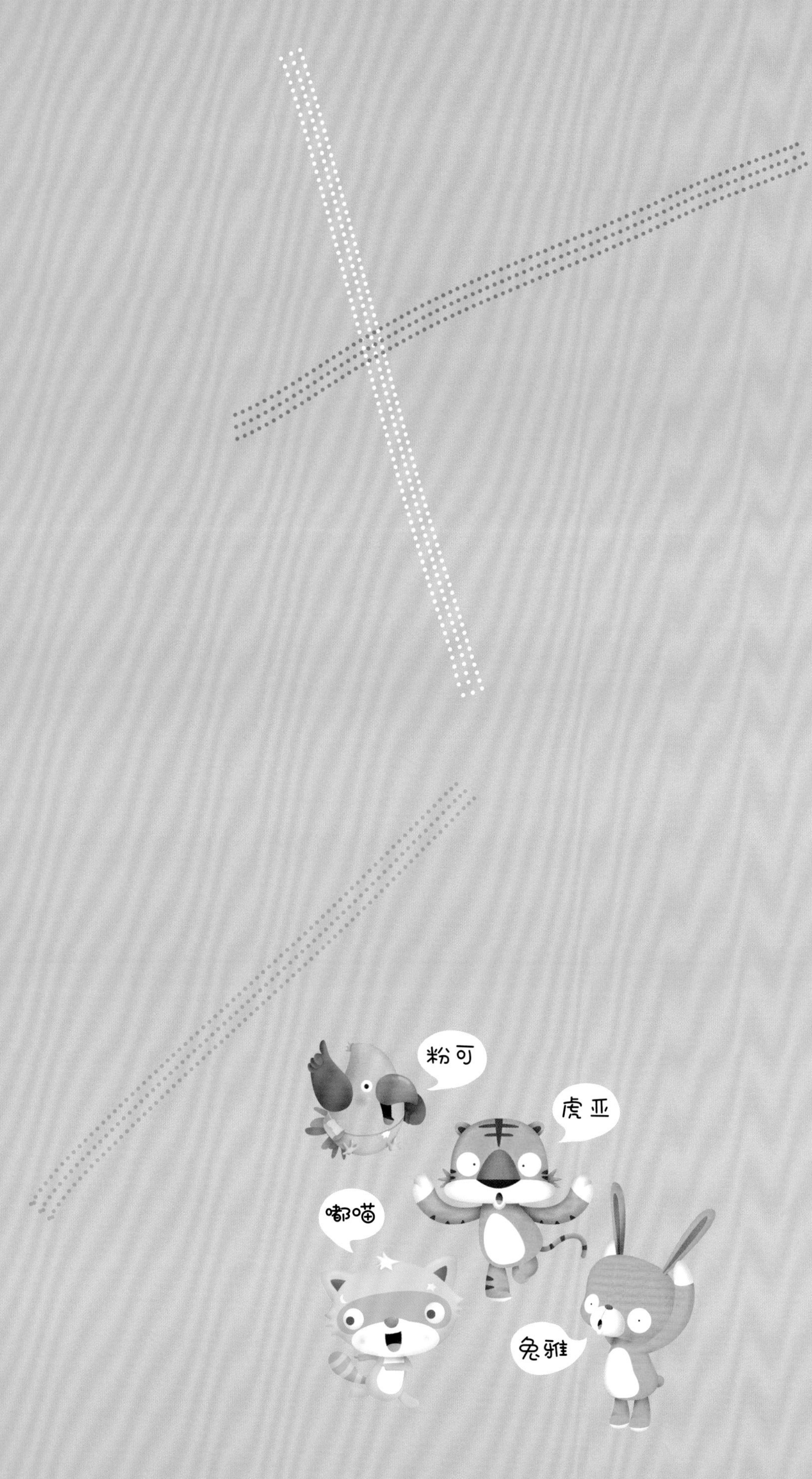

粉可
虎亚
嘟喵
兔雅

活动1 请回到幸福国家

活动2 制作漂亮的蝴蝶

活动3 大家一起生活

活动4 守卫蓝色的地球

活动5 了解归化物种

正确答案 让人好奇的正确答案

生物的共生和多样性

请回到幸福国家

幸福国家的百姓们全都离开了。让百姓们重新回来，过上幸福生活，贴上相应的贴纸，打造美丽的幸福国家。

制作漂亮的蝴蝶

贪心的国王命令把所有的蝴蝶除掉。如果没有了蝴蝶，花朵不能授粉，就无法结出果实。大家一起来制作漂亮的蝴蝶吧。

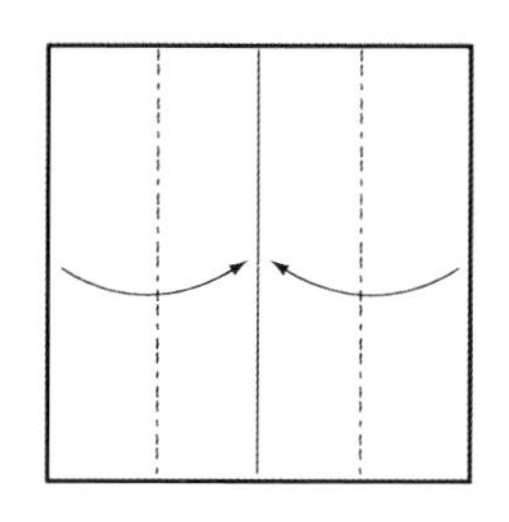

1 向中心线折叠。

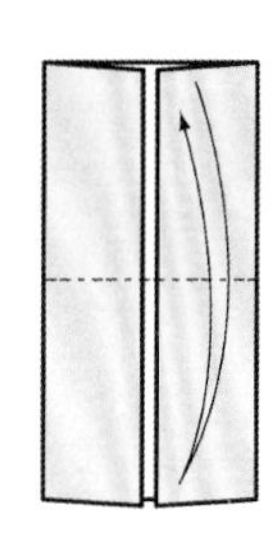

2 然后对半折叠。

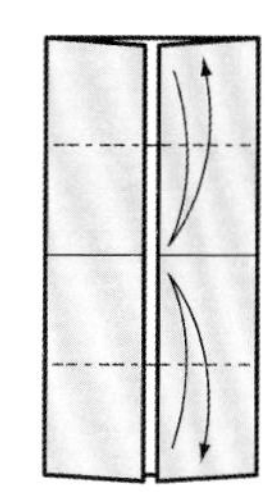

3 向中间对折后再展开。

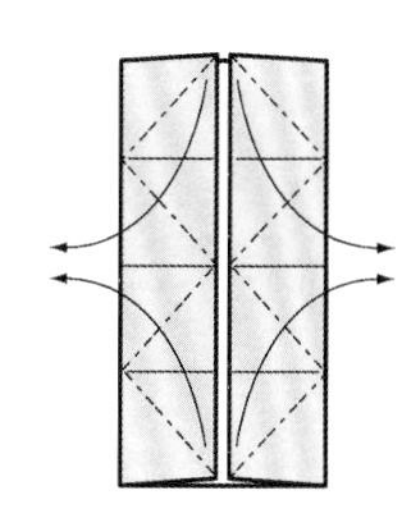

4 拉住上下两边的角向外拉折。

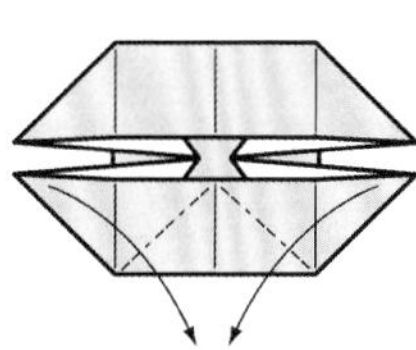

5 把下部的两个角向下折叠。

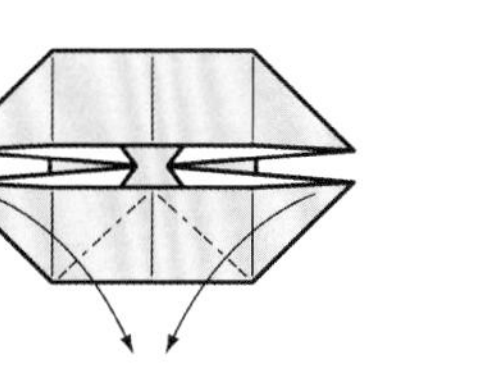

6 把上部向后折叠。

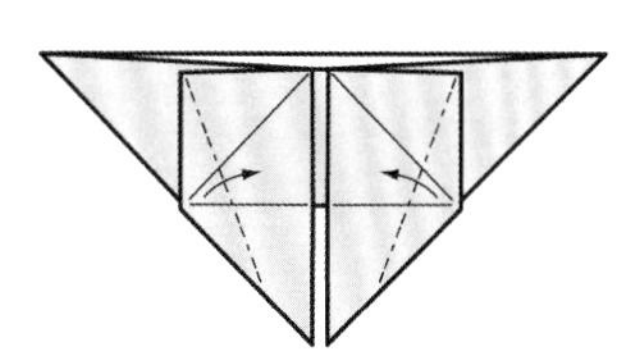

7 向中间折叠。

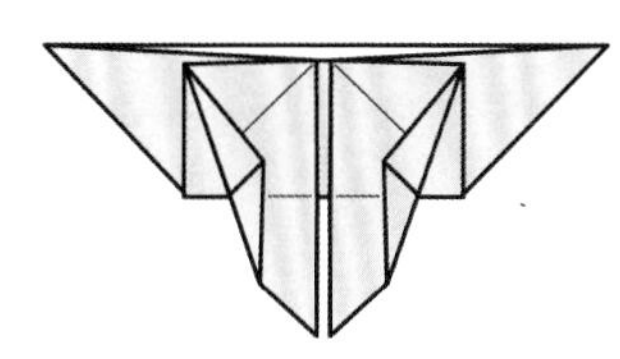

8 翻过来。

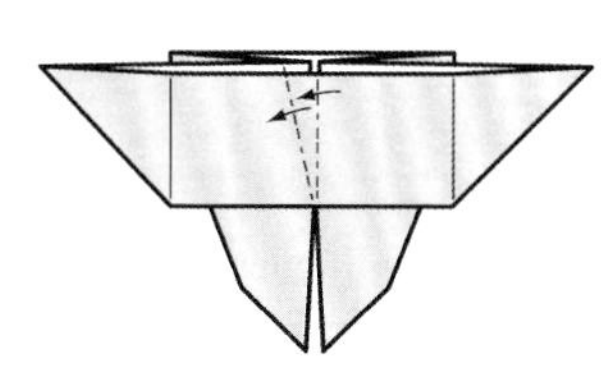

9 把中间部分向前拉，然后向左折叠。

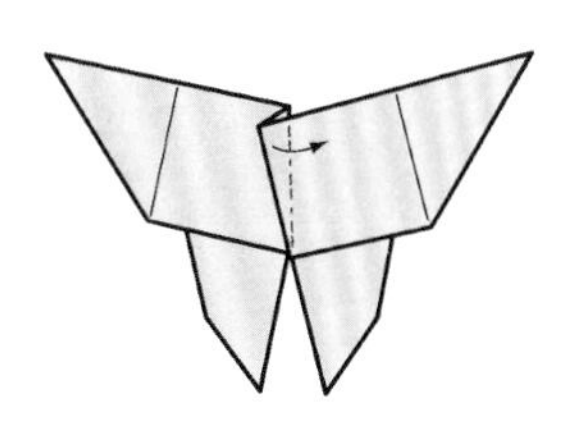

10 再次向右折叠，使中间凸出。

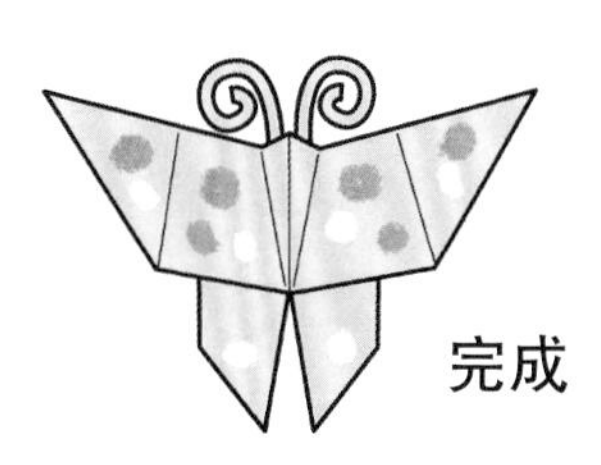

11 用彩笔画上图案，再裁剪两根触脚。

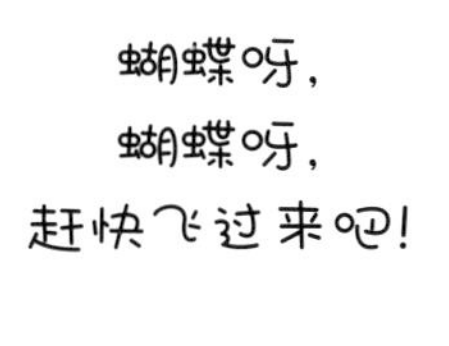

大家一起生活

地球上生活着多种多样的生物。仔细阅读下面四位小朋友说的话，为其中说出人们与各种生物和平共处方法的小朋友贴上称赞贴纸。

守卫蓝色的地球

请恢复地球的漂亮模样。沿着裁剪线把纸片剪下来，然后拼图。

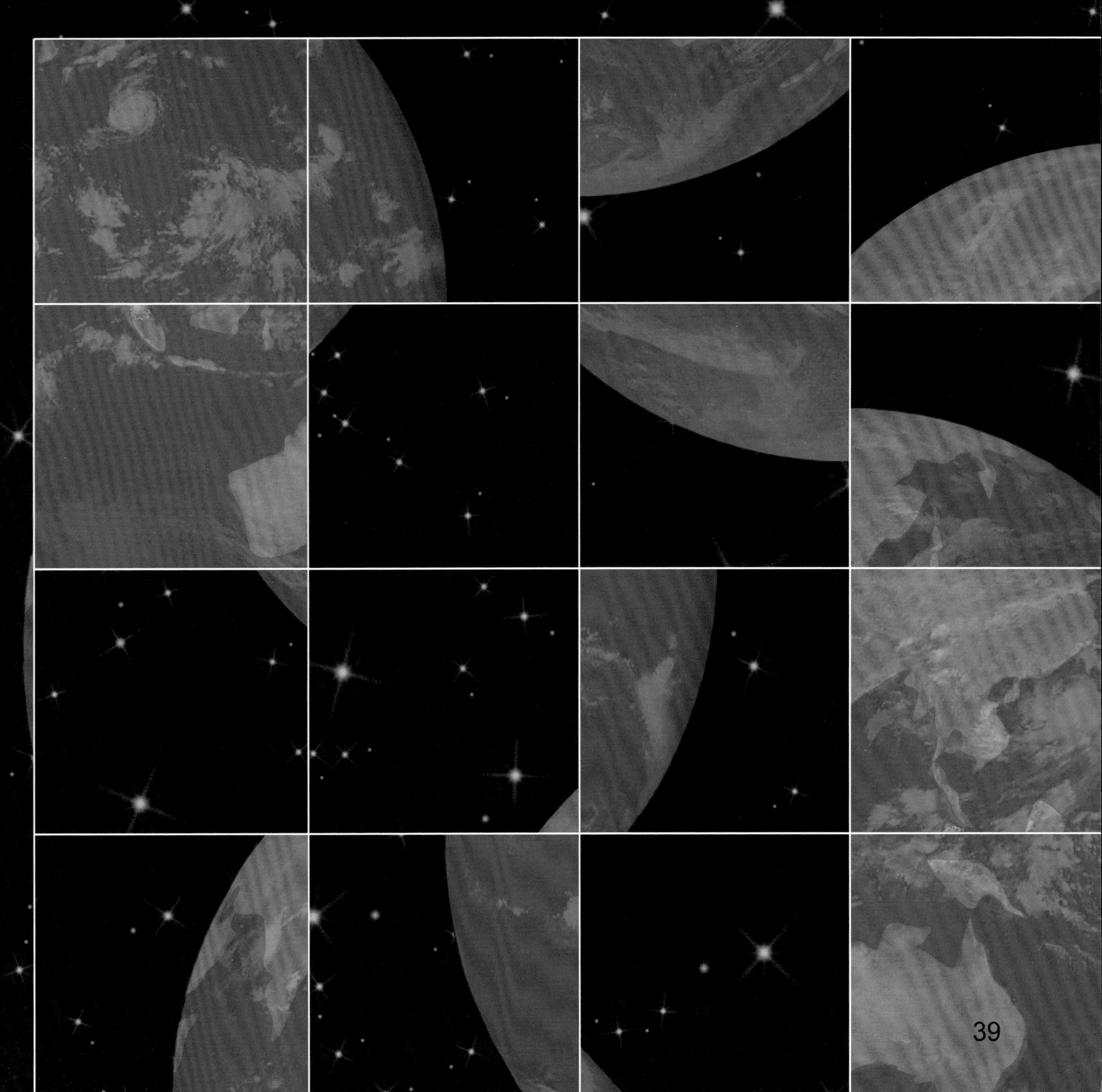

了解归化物种

经历过外来动植物入侵的幸福国家，自然环境遭到了严重破坏。从外国入侵的动植物被称为“归化物种”。沿着下面的线条去了解一下都有哪些归化生物吧。

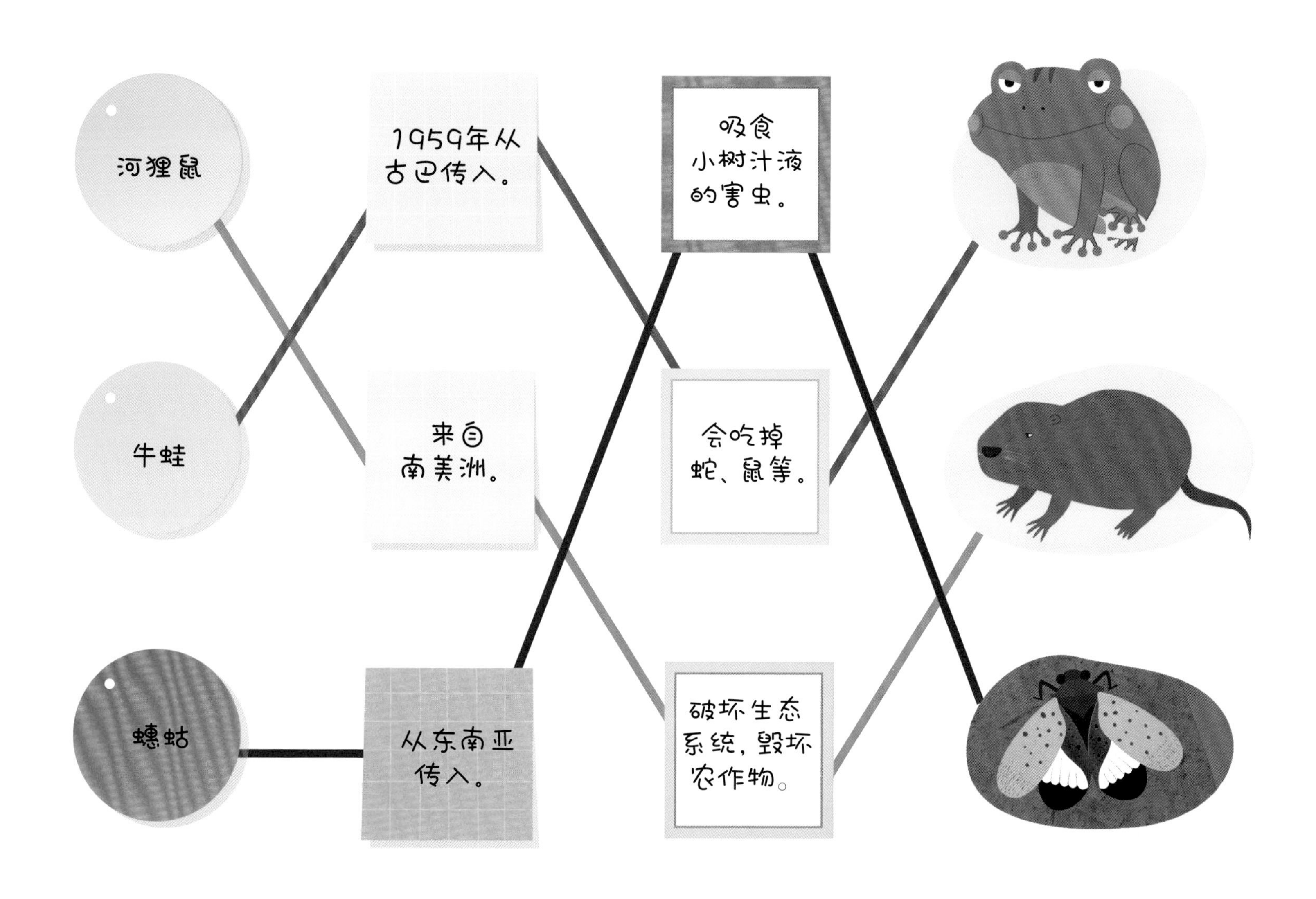

让人好奇的正确答案

36~37页

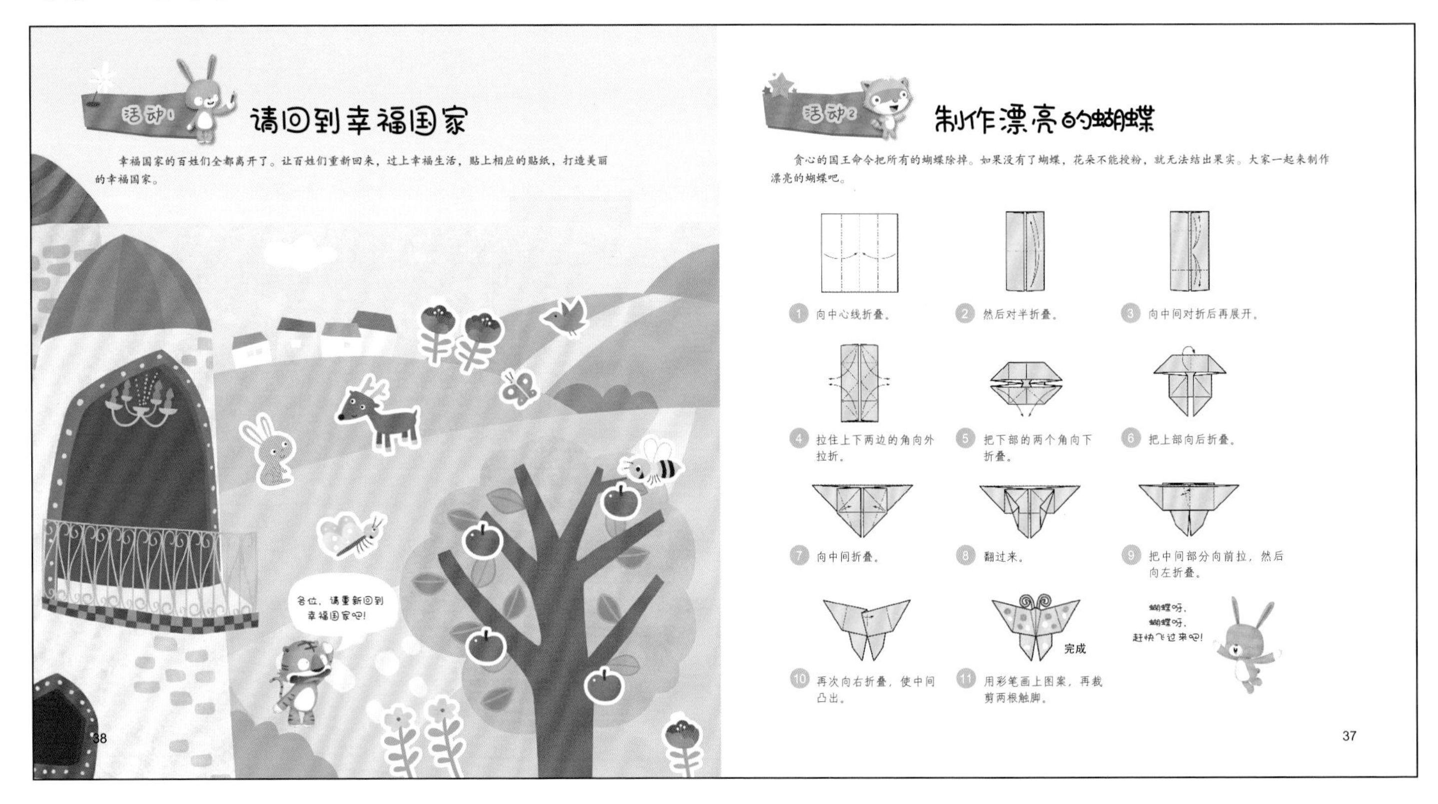

活动1

请回到幸福国家

幸福国家的百姓们全都离开了。让百姓们重新回来，过上幸福生活，贴上相应的贴纸，打造美丽的幸福国家。

活动2

制作漂亮的蝴蝶

贪心的国王命令把所有的蝴蝶除掉。如果没有了蝴蝶，花朵不能授粉，就无法结出果实。大家一起来制作漂亮的蝴蝶吧。

1. 向中心线折叠。
2. 然后对半折叠。
3. 向中间对折后再展开。
4. 拉住上下两边的角向外拉折。
5. 把下部的两个角向下折叠。
6. 把上部向后折叠。
7. 向中间折叠。
8. 翻过来。
9. 把中间部分向前拉，然后向左折叠。
10. 再次向右折叠，使中间凸出。
11. 用彩笔画上图案，再裁剪两根触脚。

37

人类只有保护自然环境和其他生物，才能得到自然的回馈。

38～39页

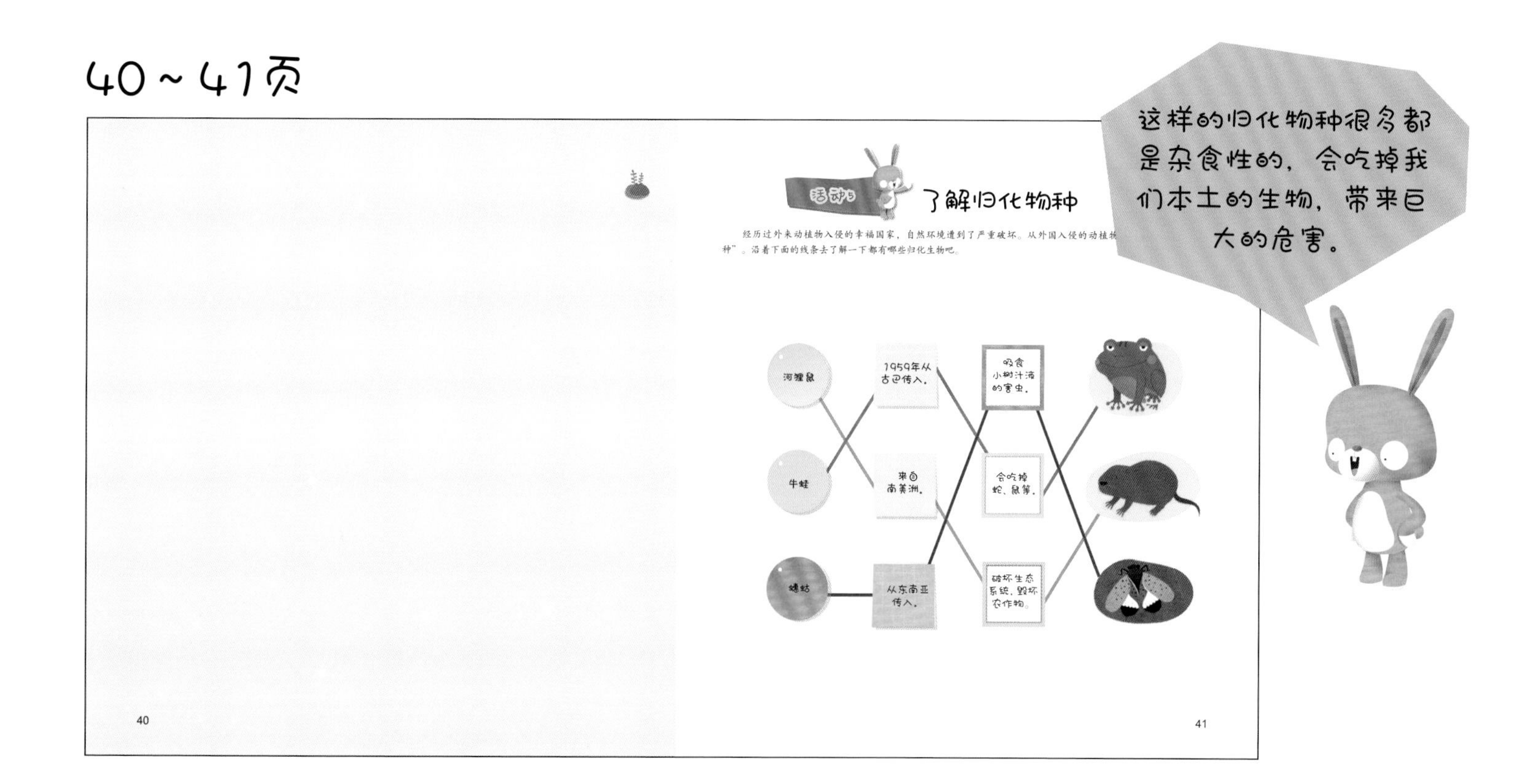

生物的共生和多样性

地球上不仅有人类，还有多种多样的动植物。人类需要在自然环境下进行生活、生产。但随着产业化和城市化的发展，生态系统遭到破坏，自然环境也遭到了毁坏。因此，保护地球、维护生物多样性的行动刻不容缓。

生态系统的危机

地球上所有的生命体都处于完整的食物链中，并维持着均衡发展。但是，人们对自然环境进行盲目开发，使环境受到污染并导致食物链遭到破坏。因此，生态系统遭到破坏，无数动植物遭遇了灭绝危机。

外来生物

生物入侵是指生物由原来的生存地经过自然的或者人为的途径侵入到另一个新环境，并对入侵地的生物多样性、农林牧渔业生产、人类健康造成经济损失或者生态灾难的过程。这样的外来生物没有天敌，因此可以大量繁殖，威胁当地生态系统。靠自身的扩散传播力或借助于自然力而传入属于自然入侵；无意识引入则是随贸易、运输、旅游等活动而传入的物种，美国白蛾的入侵就属于此类。中国成外来物种入侵最严重国家之一，入侵物种达到754种。其中大面积影响、危害严重的达100多种，对中国生物的多样性和农牧业生产等构成巨大威胁。

生物多样性

生物多样性是描述自然界多样性程度的一个内容广泛的概念。在《保护生物学》一书中，蒋志刚等（1997）给生物多样性所下的定义为："生物多样性是生物及其环境形成的生态复合体以及与此相关的各种生态过程的综合，包括动物、植物、微生物和它们所拥有的基因以及它们与其生存环境形成的复杂的生态系统。"

生物多样性保护

地球上的生物们会对各种环境做出敏感的反应，需要与其他不同物种建立关系，才能生存下去。因此，如果想保护生物的多样性，不仅要关注每一种生物，而且要对不同生物之间的关系进行关注和研究。

生物多样性公约

1992年，联合国环境开发会议上签署的《生物多样性公约》的目的是保全生物多样性，公正公平地分配通过生物资源获取的利益。通过这个公约的签署，各个国家不能再为了自身利益随心所欲地使用自然资源，也不能随意地对转基因生物进行研究。

环境守护者

思考一下如果不保护生物的多样性，会产生什么后果吧。

图书在版编目（CIP）数据

幸福国家的贪心国王 / (韩) 申镇嬉著 ; 千太阳译.
-- 长春 : 吉林科学技术出版社, 2020.3
(地球生病了)
ISBN 978-7-5578-6729-4

I. ①幸… II. ①申… ②千… III. ①生物多样性—
儿童读物 IV. ①Q16-49

中国版本图书馆CIP数据核字(2019)第295053号

吉林省版权局著作合同登记号:
图字 07-2018-0072

地球生病了 · 幸福国家的贪心国王
DIQIU SHENGBINGLE · XINGFU GUOJIA DE TANXIN GUOWANG

著 [韩] 申镇嬉
绘 [韩] 孙惠兰
译 千太阳
出 版 人 宛 霞
责任编辑 潘竞翔 赵渤婷
封面设计 长春美印图文设计有限公司
制 版 长春美印图文设计有限公司
幅面尺寸 262 mm×273 mm
开 本 12
字 数 70千字
印 张 4
印 数 1-6 000册
版 次 2020年3月第1版
印 次 2020年3月第1次印刷

出 版 吉林科学技术出版社
发 行 吉林科学技术出版社
地 址 长春净月高新区福祉大路5788号
邮 编 130118
发行部电话/传真 0431-81629529 81629530 81629531
81629532 81629533 81629534
储运部电话 0431-86059116
编辑部电话 0431-81629518
印 刷 吉广控股有限公司

书 号 ISBN 978-7-5578-6729-4
定 价 24.80元

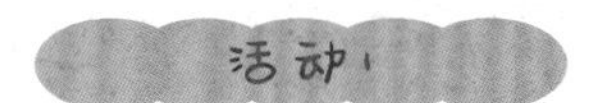

活动3